持針與線的方法

棒針織線的繞法包括，被稱為法國式和美國式的兩種方法。已習慣原有方式的人不需更改；第一次拿棒針的人，建議您採用法國式入門。法國式可以靈活運用10根指頭，速度快不會做虛工。

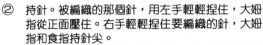
法國式

① 線繞在左手。食指張開拉開線。

② 持針。被編織的那個針，用左手輕輕捏住，大姆指從正面壓住。右手輕輕捏住要編織的針，大姆指和食指持針尖。

美國式

① 線繞在右手上。

② 持針。

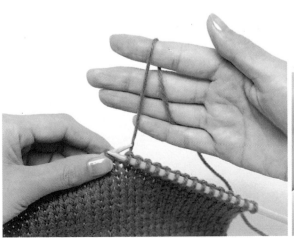

U0002506

起針

起針的方法很多，而且各具特色，請選擇比較適合自己的技法。

鎖針起針法（使用別線──別種材質的線，織鎖針的挑針方法）

起完後要將起針拆掉，所以只在由相反側挑針時使用。

① 用別線，編織與起針數相同的鎖結。

② 由鎖結內側挑針。

⑤ 挑1針。接下來的動作相同。

④ 穿過底線，依箭頭所示挑出。

③ 針插入第一個鎖結內側。

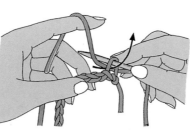

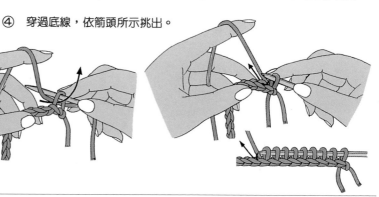

繞手指起針法

有伸縮的起針。起完後無法拆除，常用於編織上衣等。

① 從線端起，計量相當於欲編織衣物寬度的三倍長，在二根針上繞一個繩結。這就是第1針。

③ 針尖依箭頭指示動作，繞線。

② 短線繞在大姆指上，長線繞在食指上。

掛在食指上

掛在大姆指上

長度是編織寬度的三倍

⑥ 第2針完成。接著重覆③～⑤的動作。

⑤ 依箭頭指示重新插入，拉成活結。

④ 鬆開大姆指上的線。

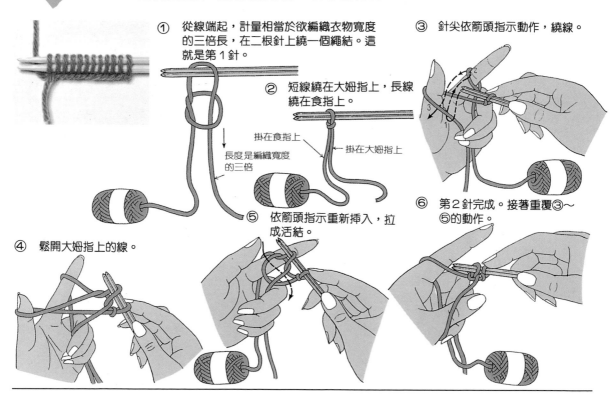

1目鬆緊編織起針法

端部和1目鬆緊編織一樣，有伸縮。用在1目鬆緊編織的起針。

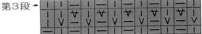

第3段 → | 第2段
起針（1段）

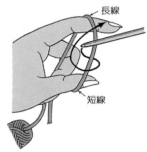

③ 這是上針。第2回以後的下針是由正前方如箭頭所示地繞線。接下來是②～③交互往返。這是第一段。

① 將大約是欲編織寬度三倍長的線，繞在食指上。針如箭頭方向繞一圈，捲上線。

② 這是下針。接著如箭頭所示，由另一端繞線。

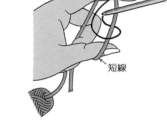

長線

短線

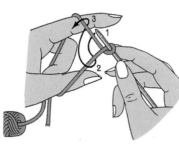

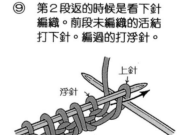

上針

⑥ 第2針是線放在正前方，不編織，移向右棒針（浮針）。

浮針

④ 第2段是袋編1次往返編織。往的段是由後面開始。

⑤ 最先的一針是上針。

下針 浮針 上針

上針

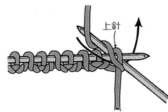

⑨ 第2段返的時候是看下針編織。前段未編織的活結打下針。編過的打浮針。

浮針 上針

⑦ 第3針是下針。接下來是⑥浮針和⑦的下針反覆編織。

下針

⑧ 最後的一針是浮針。

⑩

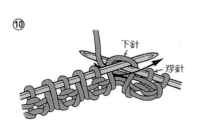

下針

浮針

⑪ 起針完成。

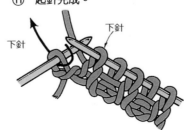

下針 下針

⑫ 第3段起變成1目鬆緊編織。這段是背面段。

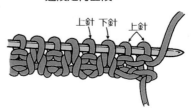

上針 下針 上針

2目鬆緊編織起針法

端部和2目鬆緊編織一樣完成。中間到袋編為止，要領和1目鬆緊編織起針法相同。

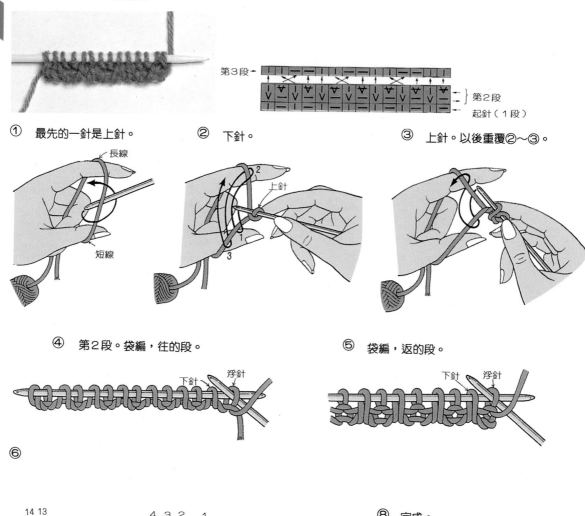

第3段→

第2段
起針（1段）

① 最先的一針是上針。

長線

短線

② 下針。

上針

③ 上針。以後重覆②～③。

④ 第2段。袋編，往的段。

下針　浮針

⑤ 袋編，返的段。

下針　浮針

⑥

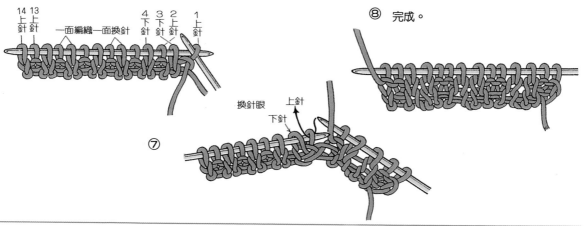

14 13
上針 上針
　　　　一面編織　一面換針
4 3 2 1
下針 上針 下針 上針

⑧ 完成。

換針眼　上針
下針

⑦

編織的基礎

基礎的編織活結是上針和下針。基本的編織圖案,是由這兩種活結組合而成的。

記號的認識　▮……下針　──……上針

上下針編織(girder法)

無論正面編起的段或背面編起的段,都只打下針的編織圖案。

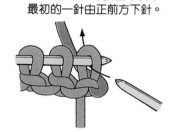

4段→ ←3段
2段 ←1段(起針)

① 起針(圖中是手指繞成的起針)。這是第一段。

② 第2段。從背面編起的段,編織與記號相反的活結(記號是上針,所以編下針)。最初的一針由正前方下針。

③ 線繞在針上拉出,活結脫離左針。

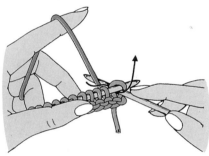

④ 織1針下針。接下來編織法相同。

⑤ 到第2段最後都織下針。

⑥ 第3段。從正面編起的段,如記號所示地編織。

⑧ 第3段到最後編織下針。

⑨ 以後的每段編下針。這是8段的上下針編織。

⑦

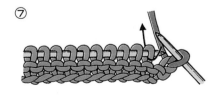

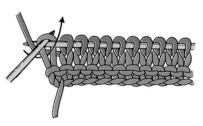

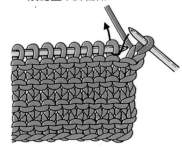

下針編織（平針編織法）

由正面編起的段織下針，由背面編起的段織上針的織法。

下針編織

背面稱為上針編織

4段→ ←3段

2段→ ←1段（起針）

① 起針（圖為鎖針起針）。這是第一段。

② 第2段。由背面編起的段，編織和記號相反的活結（記號是下針，就是編上針）。如箭頭所示地把針穿進去。

③ 線由正前方繞過針，如箭頭所指地拉出。

④ 活結由左針脫離。

⑤ 織一針上針的情形。下一針的織法相同。

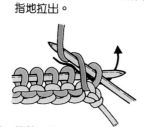

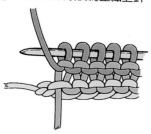

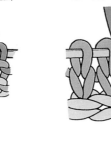

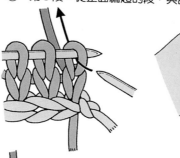

⑥ 到第2段最後為止織上針。

⑦ 第3段。從正面編起的段，與記號相同織下針。

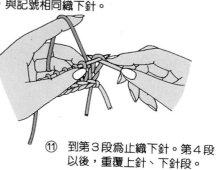

⑪ 到第3段為止織下針。第4段以後，重覆上針、下針段。

⑧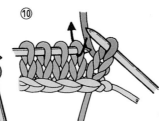

⑨

⑩

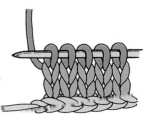

1目鬆緊編織

下針與上針各一針地交互編織而成的圖案。從背面編起的段，下針的上面織下針，上針的上面織上針。

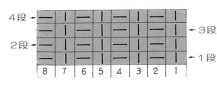

① 從正面織起的段。織1針下針。

② 接著織1針上針。

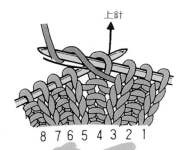

③ 從背面編起的段。已經織的活結是下針的話，就織下針。

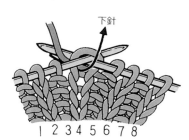

④ 已經織好的活結，在上針處織上針。

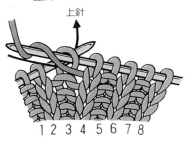

2目鬆緊編織

下針與上針各二針地交互編織而成的圖案。從背面編起的段，下針的上面織下針，上針的上面織上針。

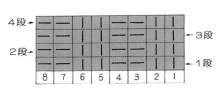

① 由正面編起的段。連續織2針下針

② 接著連續織2針上針。

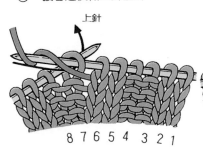

③ 從背面編起的段。下針上面織下針。

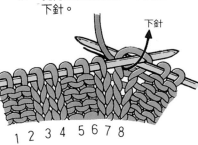

④ 上針的上面織上針。

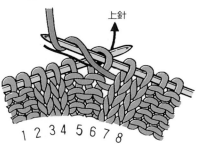

9

環編

以轉圈圈的方式編織的方法。編織的種類繁多，可以用下針編織法或鬆緊編織法；這裡舉的例子是下針編織法。

編織的　基礎

① 起針。用任何一種起針方式都可以；但是起針的鎖針數必須數目正確。

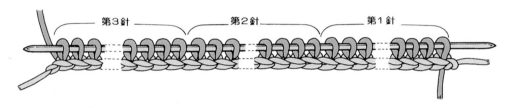

第3針　　　　第2針　　　　第1針

② 把活結分在3根針上，正面是靠身體的這面。

③ 用第4根針，從第1針處開始編織。

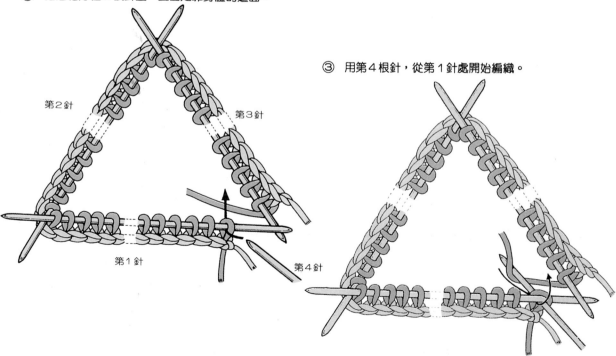

第2針　　　第3針

第1針　　　　第4針

編織記號與編法

編織記號依據ＪＩＳ規定。請記住記號的讀法和正確的操作順序。幾種記號組合，就能編織出美麗的圖案。

┃ 下針（正面）

① 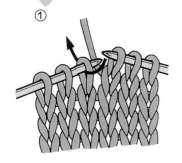　② 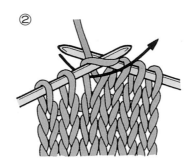　③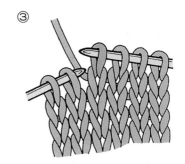

━ 上針（背面）

① 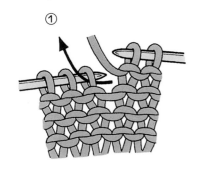　② 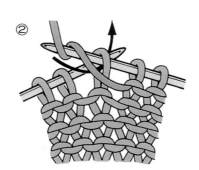　③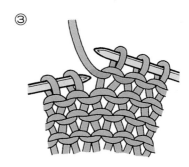

○ 空針

① 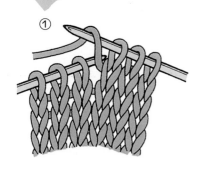　② 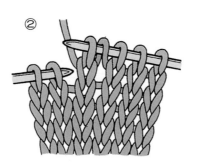　③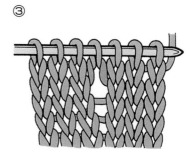

11

入 右上2針併1針

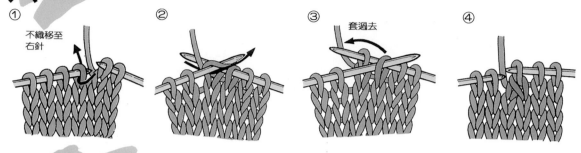

① 不織移至右針 ② ③ 套過去 ④

人 左上1針併1針

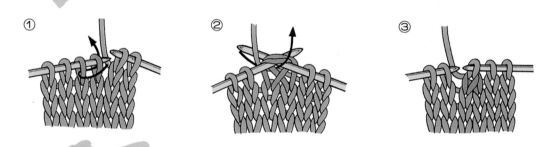

① ② ③

个 中上3針併1針

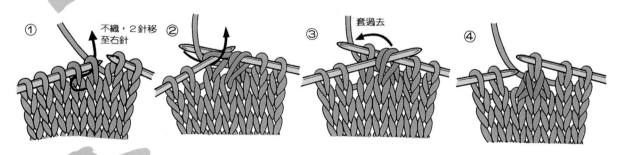

① 不織，2針移至右針 ② ③ 套過去 ④

个 右上3針併1針

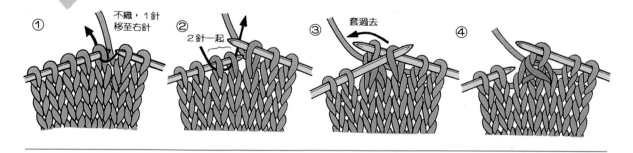

① 不織，1針移至右針 ② 2針一起 ③ 套過去 ④

↖ 左上3針併1針

① 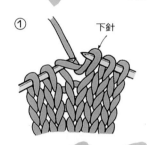　② 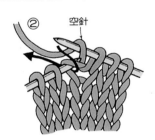　③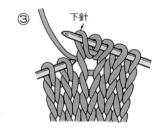

↓³ 3加針

（ 在1針活結位置上織出3針。 ）

① 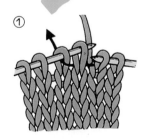　② 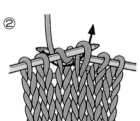　③ 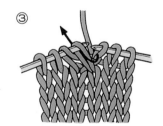　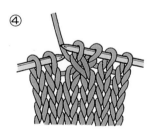

下針　空針　下針

✕ 右上交叉針

① 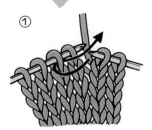　② 　③ 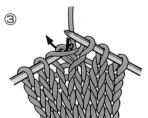　④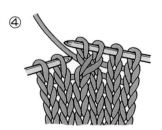

✕ 左上交叉針

Ⅴ 滑針

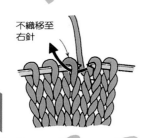

不織移至
右針

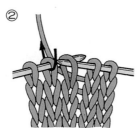

②

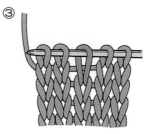

③

從背面織滑針的情形。

線繞經不編織
的活結前方。

∀ 浮針

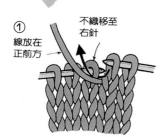

①
線放在
正前方

不織移至
右針

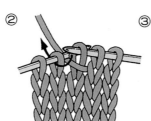

②

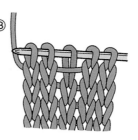

③

從背面織浮針的情形。

線繞經不編織
的活結前方。

ℓ 扭針

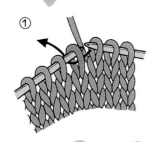

①

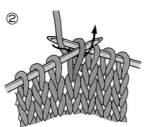

②

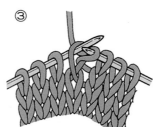

③

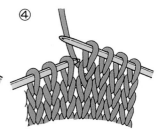

④

∩ 伸延針

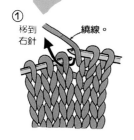

①
移到
右針

繞線。

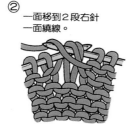

②
一面移到2段右針
一面繞線。

③
第3段

④

■條紋和花樣編織■

除了使用ＪＩＳ記號編花樣外，還有條紋和花樣編織。都是使用2
種以上的顏色；因此換線成了重點。

細條紋花樣

每2段換色或是每4段換色的細條紋花樣，編織時不要把線剪斷，直接挪到
下一次的條紋使用。

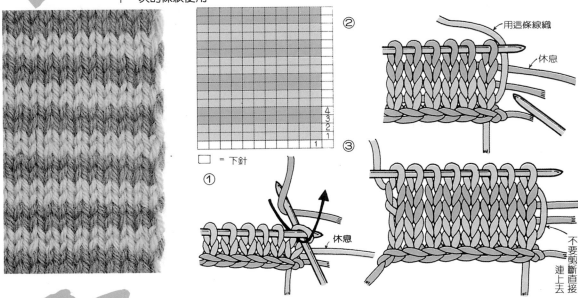

□ = 下針

② 用這條線織
休息

① 休息

③ 不要剪斷直接連上去

寬條紋花樣

織寬條紋花樣，由於到下次的配色處段數太多，所以線要剪掉不要繞過去。
線端在同色花樣的側端捲4～5段後剪掉，收頭。

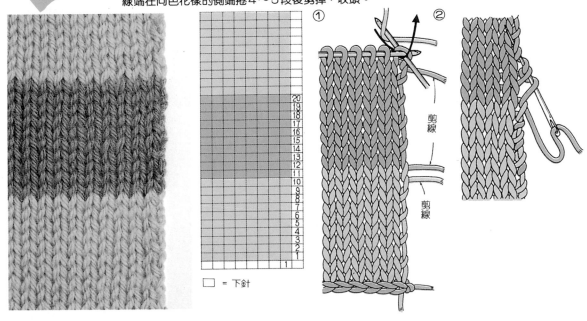

□ = 下針

① 剪線 剪線

②

15

線橫式編織花樣

花紋細小，而且經常換線者，採用在背後繞線的方法

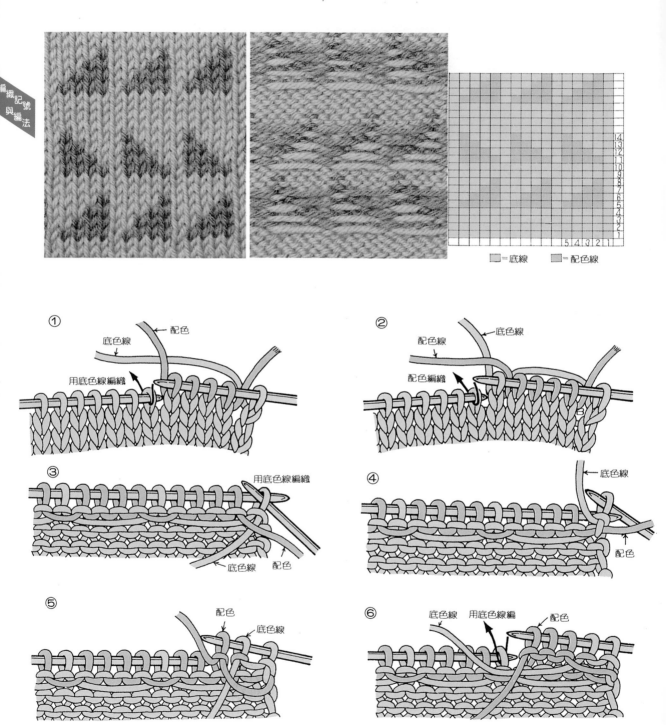

= 底線　　　 = 配色線

① 配色
　底色線
　用底色線編織

② 底色線
　配色線
　配色編織

③ 用底色線編織
　底色線　　配色

④ 底色線
　配色

⑤ 配色
　底色線

⑥ 底色線　用底色線編　配色

編織與編　記號與編法

線縱式編織花樣

花樣較大、縱式連續的花樣、點的花樣等,不要把線橫的繞過,在花樣界線處交叉線,直的越過。

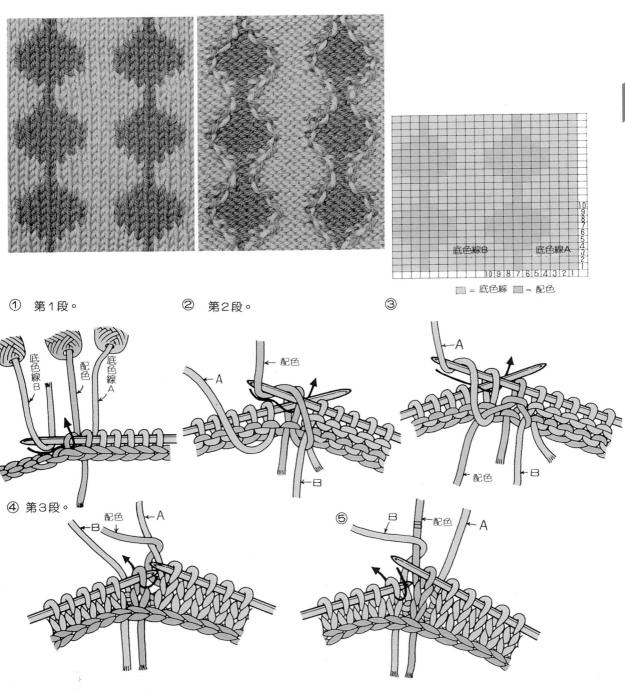

① 第1段。

② 第2段。

③

④ 第3段。

⑤

遇到袖子和肩部、袖底下的縫合等部位，必須織角度和斜線的部位需要加減針。

讓我們一起學習減針、加針和折回編織的基礎技法！

從端部兩邊各減1針

端部的針眼將縫合，爲方便縫合從端部左右減針

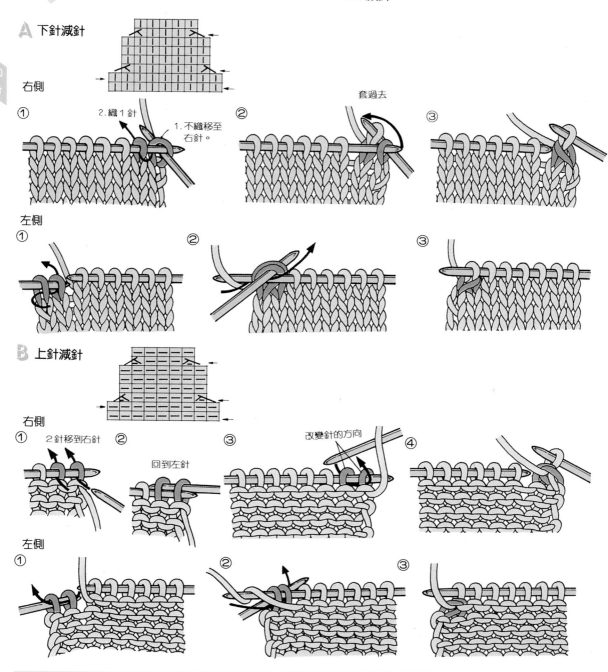

2針以上的減針（伏針）

袖口、領口、袖子的側線等，角度較大處有時需要一段減2針以上。在有線的那一端，因此以平針編織法來看的話，右側是下針的減針，左側是上針的減針。

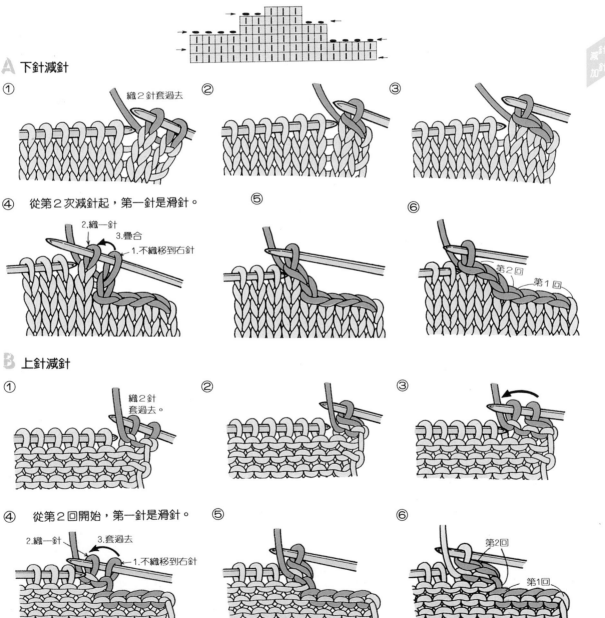

A 下針減針

① 織2針套過去

②

③

④ 從第2次減針起，第一針是滑針。

2.織一針
3.疊合
1.不織移到右針

⑤

⑥ 第2回 第1回

B 上針減針

① 織2針套過去。

②

③

④ 從第2回開始，第一針是滑針。

2.織一針
3.套過去
1.不織移到右針

⑤

⑥ 第2回 第1回

■加針■

1 針的加針

最旁邊的一針編織後，由內側一次一針地加。

A 扭橫線加針
下針的情形

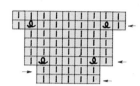

減針和加針

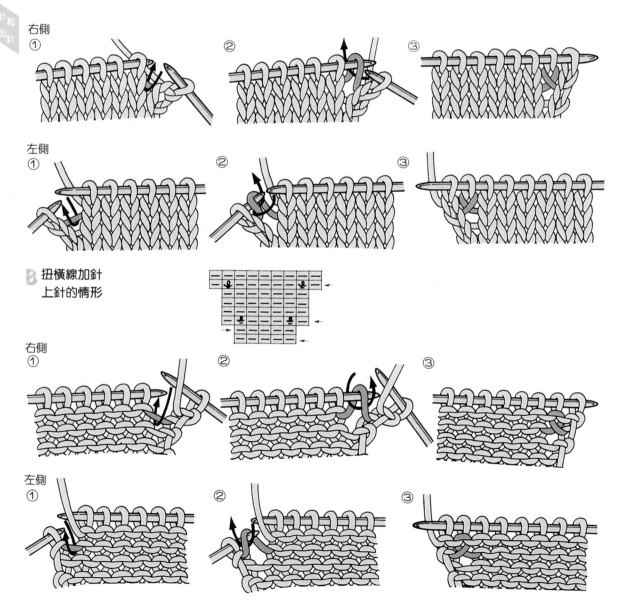

右側
① ② ③

左側
① ② ③

B 扭橫線加針
上針的情形

右側
① ② ③

左側
① ② ③

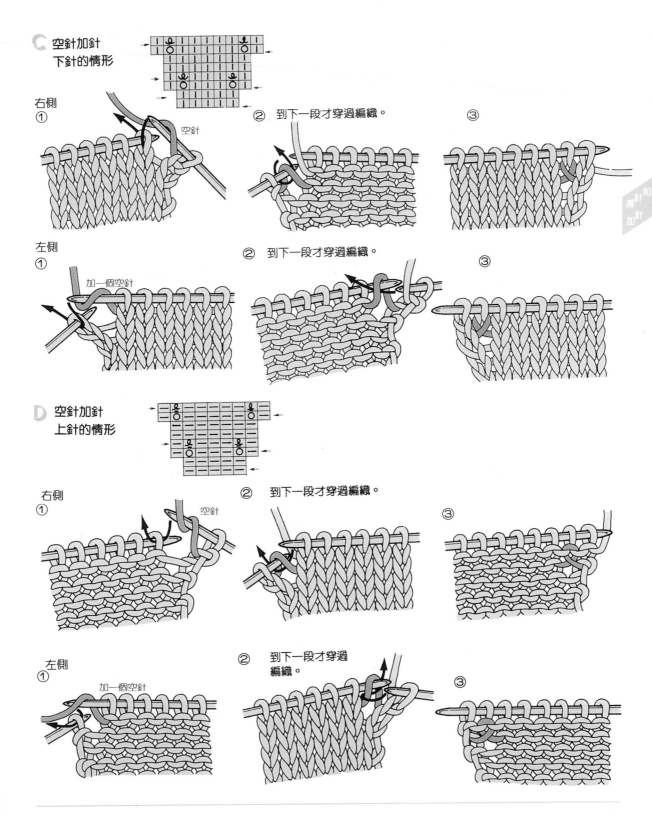

C 空針加針
下針的情形

右側
①　空針

② 到下一段才穿過編織。

③

左側
①　加一個空針

② 到下一段才穿過編織。

③

D 空針加針
上針的情形

右側
①　空針

② 到下一段才穿過編織。

③

左側
①　加一個空針

② 到下一段才穿過編織。

③

2針以上的加針

1次增加2針以上的方法。

A 捲針加針
左側

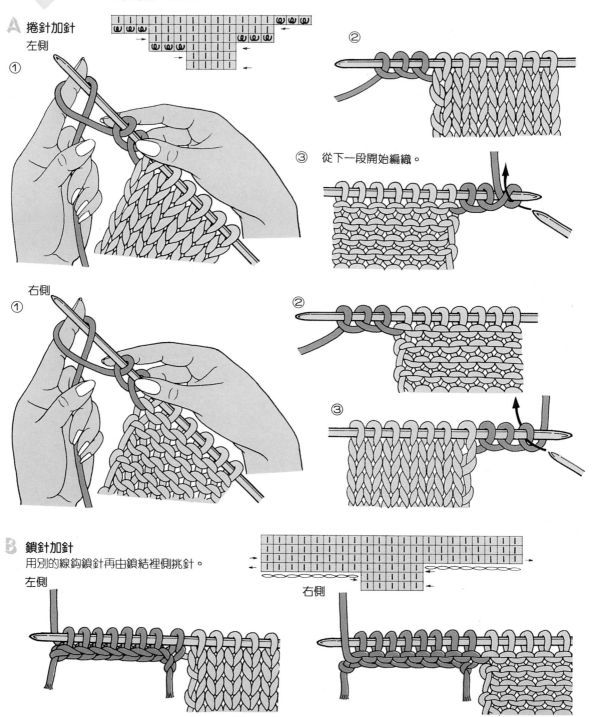

①

②

③ 從下一段開始編織。

右側

①

②

③

B 鎖針加針
用別的線鈎鎖針再由鎖結裡側挑針。

左側

右側

■折回〔引返〕編織■

續編織的折回編織

從較少的針眼數，一面編織一面陸續增加針眼數，編織成傾斜狀的方法。由左側進行時是下針，由右側進行時是用上針編織下去。

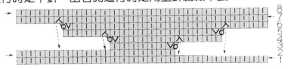

① 全部起針編第一段。第二段織到中間七針爲止。

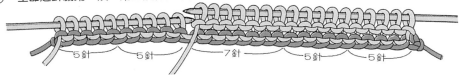

5針　　5針　　　7針　　　5針　　5針

② 第3段。空針，最初的針變成滑針

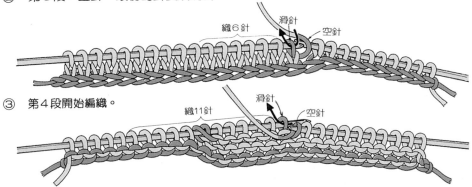

織6針　　滑針　空針

③ 第4段開始編織。

織11針　　滑針　空針

④ 第4段。在第1次和第2次的界線，把空針和下一針對調，2針一起織。

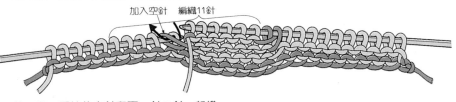

加入空針　　編織11針

⑤ 第5段。界線的空針和下一針2針一起織。

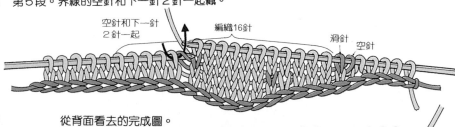

空針和下一針　　編織16針　　滑針　空針
2針一起

⑥ 從背面看去的完成圖。

續留針的折回編織

一面編織一面依序留下針眼，做成傾斜狀的方法。通常用於肩部和側面縫邊處。

左側／左側的折回編織是用下針留。

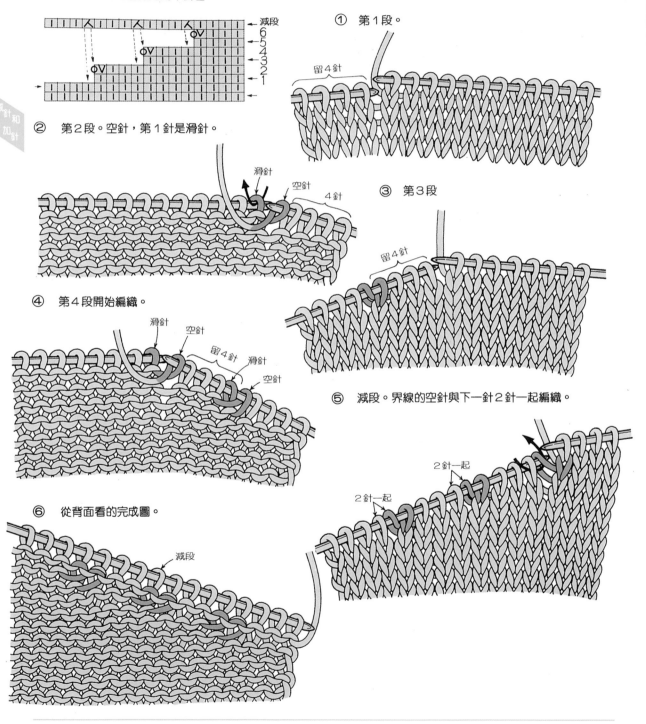

① 第1段。

留4針

② 第2段。空針，第1針是滑針。

滑針　空針　4針

③ 第3段

留4針

④ 第4段開始編織。

滑針　空針　留4針　滑針　空針

⑤ 減段。界線的空針與下一針2針一起編織。

2針一起

2針一起

⑥ 從背面看的完成圖。

減段

減針和加針

右側／右側的折回編織是在上針處留。比左側的折回編織早一段。

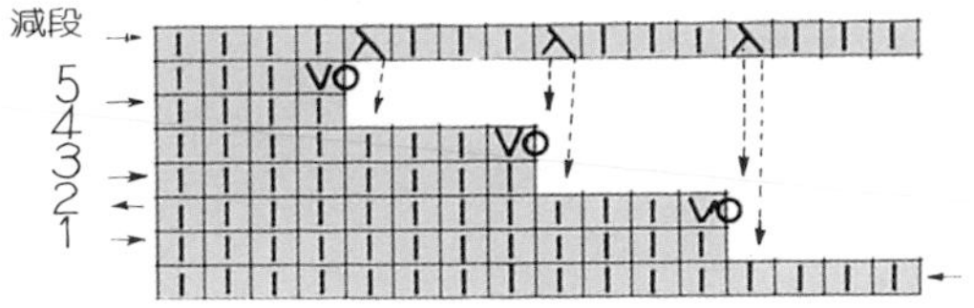

① 在1段正前方的下段留第1次。

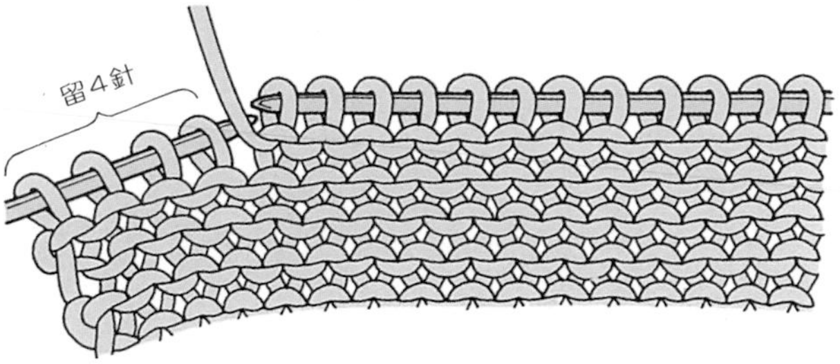

減段
5
4
3
2
1

留4針

② 第一段。空針，第1針是滑針

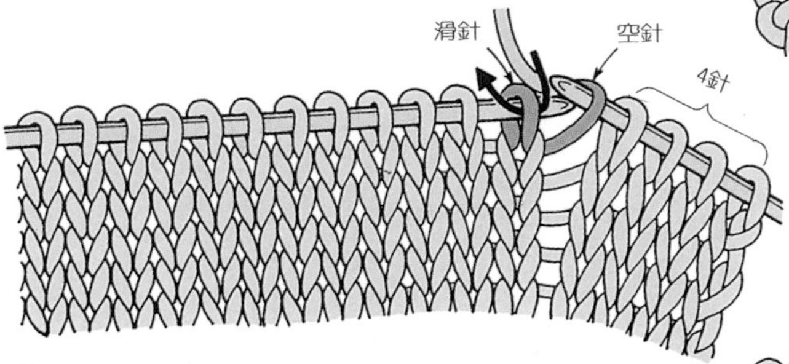

滑針　空針
4針

③ 第2段。留第2次。

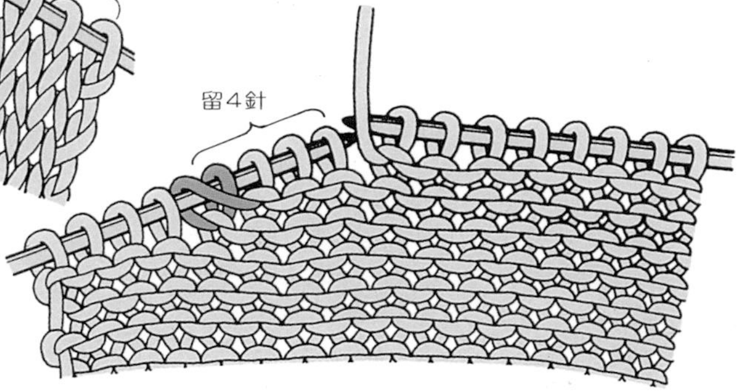

留4針

④ 第3段開始編織。

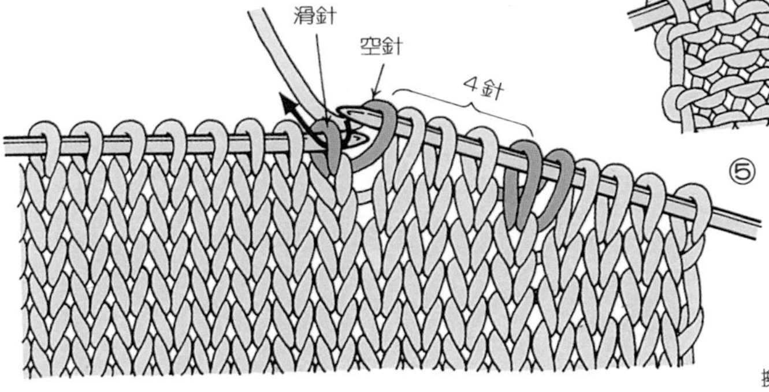

滑針　空針
4針

⑤ 減針。界線針依序與下一針交換，下針2針一起
編織。

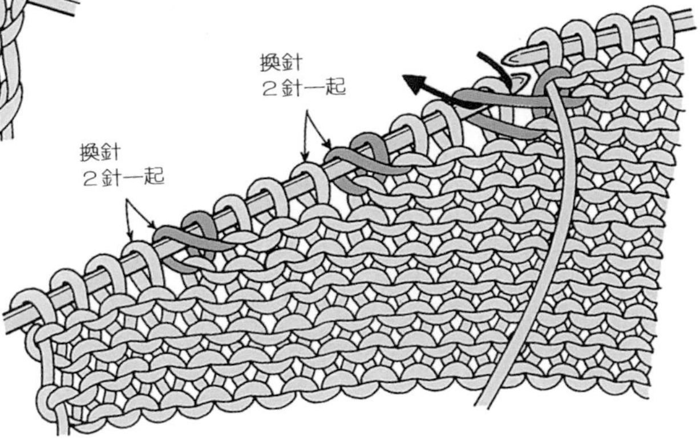

換針
2針一起

換針
2針一起

換針的方法

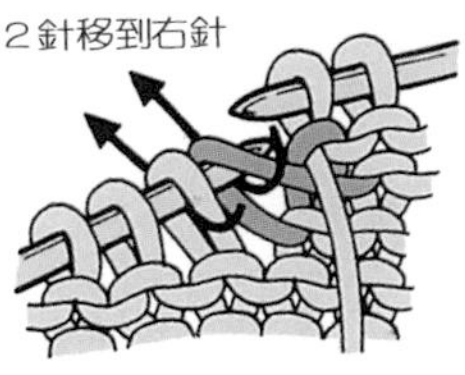

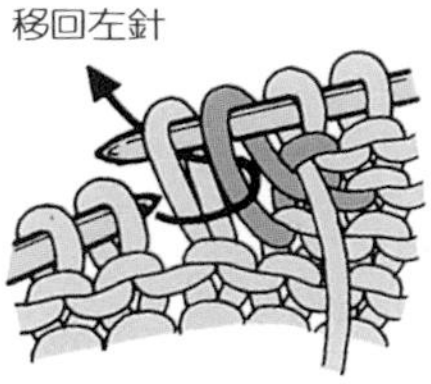

2針移到右針　　移回左針

⑥ 從背面看的完成圖。

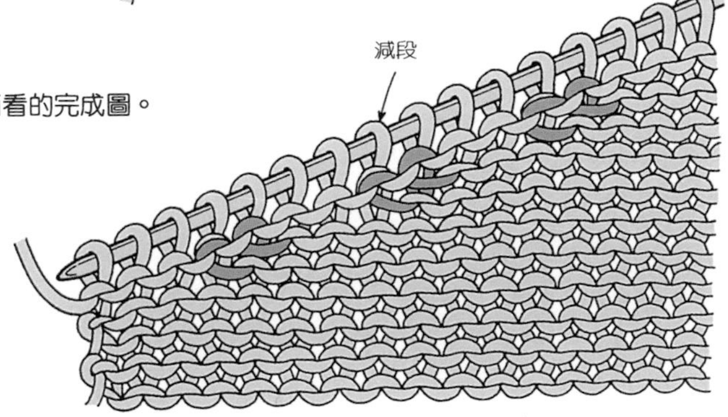

減段

鈕扣孔

鈕扣孔織法包括，邊織邊留的孔和織好後擴張針眼作成的孔。

圓孔

① 在鈕扣孔的位置打空針。

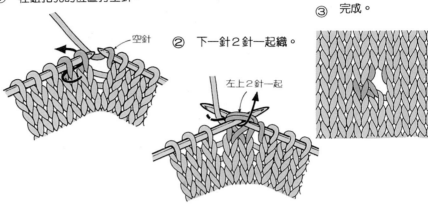

空針

② 下一針2針一起織。

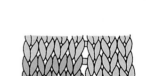

左上2針一起

③ 完成。

直孔

① 將鈕扣孔位置的織針分左右，有線的那邊先織，只織到鈕扣孔要的長度。

② 剩下的一邊用另一條線織同樣長度。

③ 兩邊一起繼續織下去。

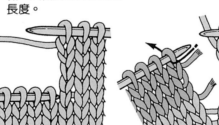

壓迫孔

① 織好後，將鈕扣孔位置的針眼拉開變大。

② 上下擴大到足以讓鈕扣通過為止。

③ 用固定鈕扣孔的線繞周圍一圈。

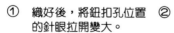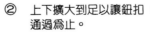

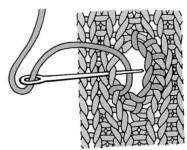

鈕扣孔

收針

織完後的針眼，為避免鬆脫必須做最後的處理，這就叫「收針」。

鈎收針

A 下針的鈎收針

① ② ③ ④ 鈎出

B 鬆緊編織的鈎收針

① 下針的上面由正面鈎出。 ② ③ ④ ⑤ 鈎出

套收針

A 下針的套收針

① ② 套過去 ③ ④ 鈎出

B 上針的套收針

① ② 套過去 ③ ④ 鈎出 鎖針向另一邊

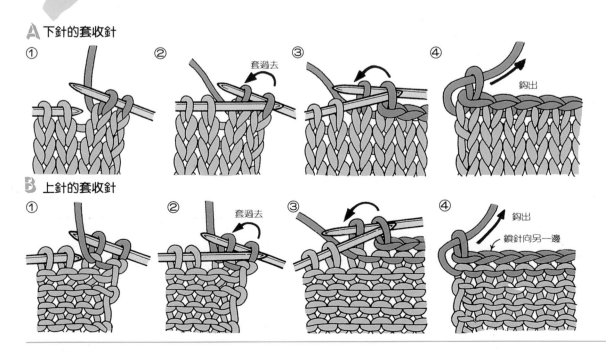

1目鬆緊編織收針

留下約編織物寬度3.5倍長的線剪掉，用縫針收針。

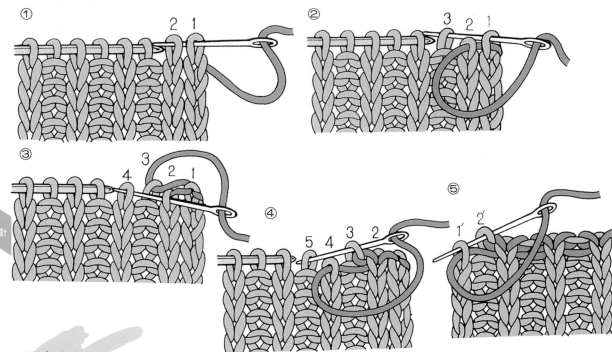

環編1目鬆緊編收針

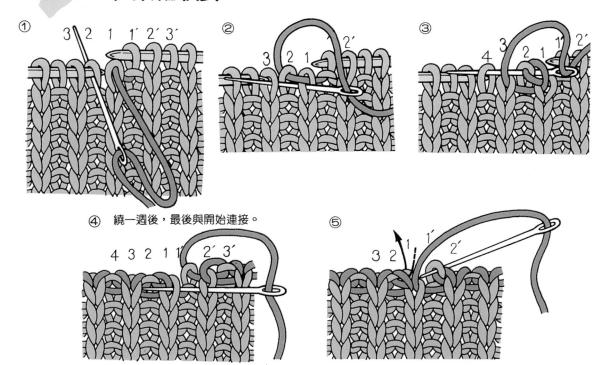

④ 繞一週後，最後與開始連接。

28

2目鬆緊編織收針

留下約編織物寬度3.5倍長的線剪斷，用縫針收針。

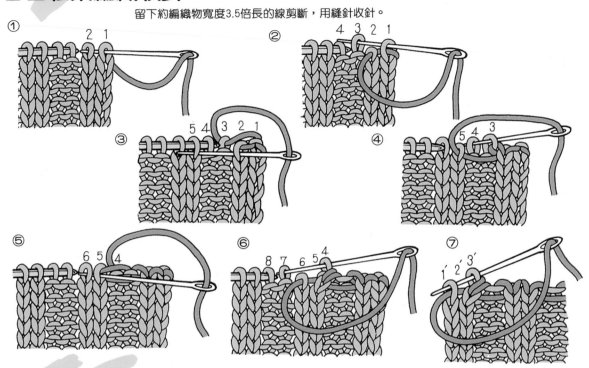

環編2目鬆緊編收針

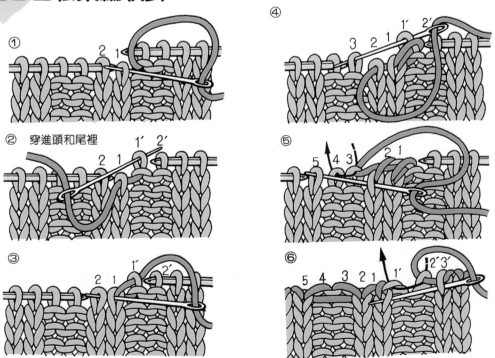

併接和縫合

編織物的段與段連結叫做「併接」，編織物的針眼和針眼連結叫做「縫合」。

橫縫

A 下針編織物的橫縫

編織物的正面朝上，2片並排，從端部算去第1目內側的橫線穿過縫合。

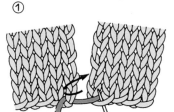

B 上針編織物的橫縫

上針側朝上，穿過第1目內側向下的線縫合。

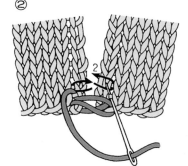

C 上下針編織物的橫縫

正面側朝上，一邊是穿過第1目內側朝下的針眼（目），另一邊則穿過半目內側朝上的針眼（目）。

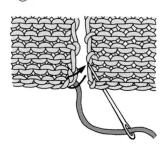
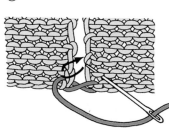

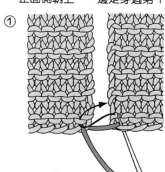

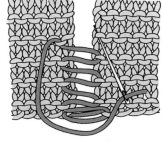
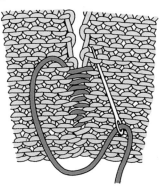

◗ 鬆緊編織的橫縫

　從織完的那一片縫起。縫完後各損失１目，不致損傷鬆緊編織的花樣。

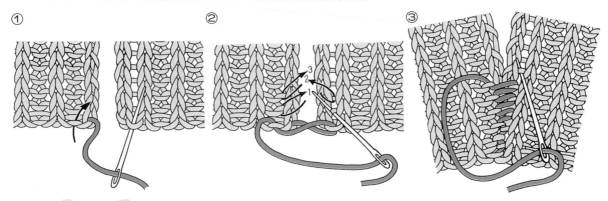

鈎縫（抽縫）

　２片對合拿著，鈎針從距離端部約１目的內側鈎出。依序一個接一個地鈎縫。
袖子與肩膀結合等弧形部位的鈎縫，要領相同。

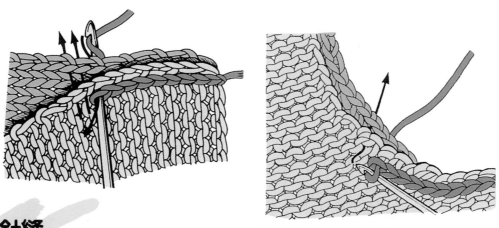

疊針縫

　２片對合拿著，針由距端部約１目的內側開始疊針縫。

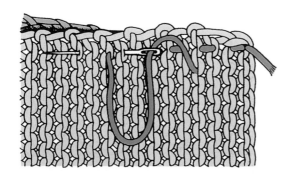

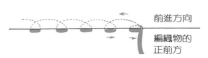

前進方向

編織物的
正前方

31

■縫合■

鈎針縫合

2片對合拿著,鈎針1針針地移動,2針一起鈎出。

①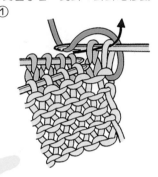

②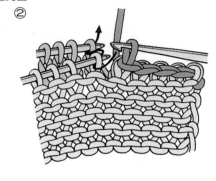

套針縫合

用於肩部時,前身片放在前方,與後身片面對面。

① 針從正前方的針眼穿進去,由另一邊的針眼拉出。正前方的針眼鬆掉,針只留在另一邊的針眼上。

② 繞線,編織端部的2目,套過去。

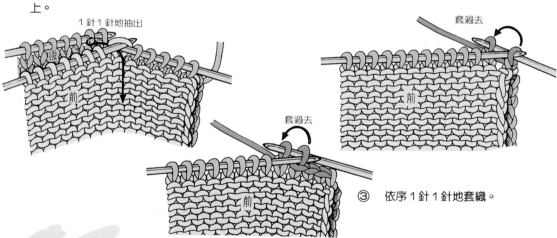

③ 依序1針1針地套織。

下針的縫合

縫針穿大約編織物寬度3倍的線。每1目針來回穿過2次。

① ② ③

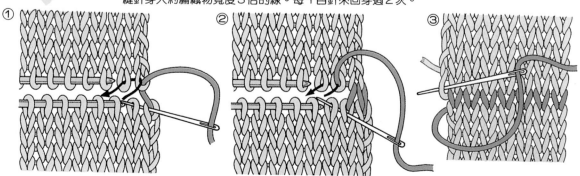

上針縫合

上針側朝上縫合。每1目針來回穿過2次。

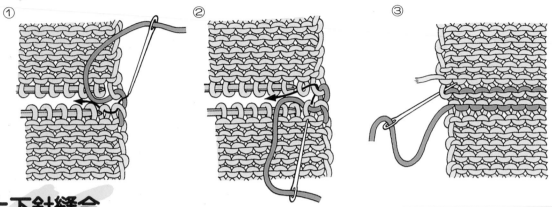

① ② ③

上下針縫合

編織物的最後段，一邊是下針一邊是上針的狀態。下針部份採用上針縫合編織法，上針則使用下針縫合編織法。

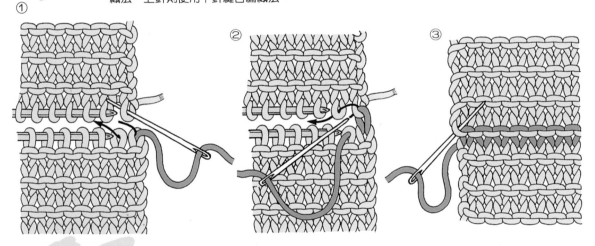

① ② ③

和
接
併 合
縫

目與段的縫合

一邊是目、一邊是段的縫合方法。目和段的針眼排列不同，數目較多的段部份，有時可以2段一起縫。可以把縫線當做另一段，或是拉緊到看不到為止。

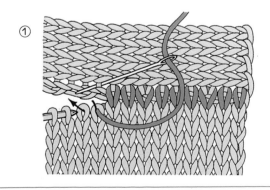

①

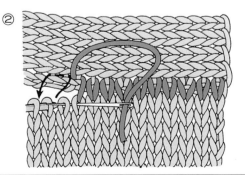

②

挑針的方法

編織下襬、袖口、前襟、領口等部位時，必須經過挑針這個過程。決定挑針數後平均地挑針。圖中的●（放針處）記號就是挑針的位置。

從針眼挑針

A 下針的挑針方法
從起針側朝反方向挑針時。

B 上針的挑針方法
從起針側朝反方向挑針時。

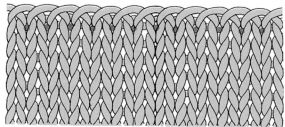
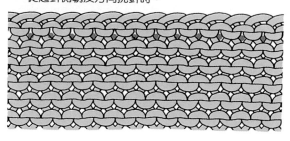

C 拆掉起針鎖針的挑針方法
拆掉用另一條線做成的鎖針起針，挑針，朝相反側繼續編織。

①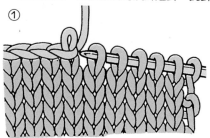

② 2針一起編織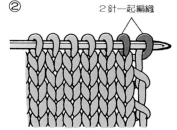

③ 改變2針的方向，2針一起編織。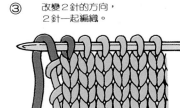

從段挑針的方法

A 下針的挑針方法
針放在距端部1目的內側，挑出兩條線。平均計算一下挑出的針眼數，再均勻地挑出。

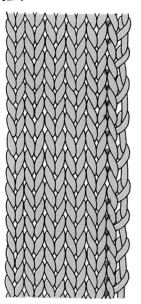

B 上針的挑針方法
針放進距離端部1目的內側，挑針。

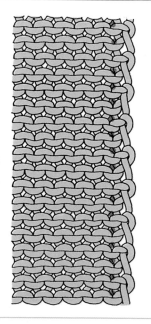

從斜線挑針

A 從減針的斜線挑

　圖爲∨字領的例子。與從段挑針的方法相同，從端部第1目內側挑起。但是，減針部份半目半目地移動，使挑針的斜線平順。

B 從加針的斜線挑

　從端部第1目內測挑起。加針部份從針眼的正中央下針，依序半目半目地移動挑針。

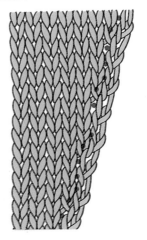

從曲線挑針

A 從減針曲線挑針

　曲線是由針眼部份，減針的斜線和平織的段組合而成的。組合3種挑針方法挑針。

B 從加針曲線挑針

　這是由針眼部份，加針的斜線和段組合而成的。組合3種挑針方法挑針。

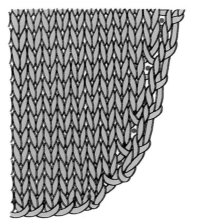

試編織花樣
毛衣看看！

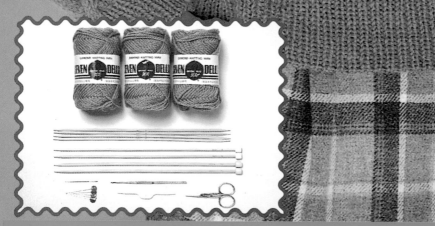

這是為初學者設計的，只有下針、上針、交叉編織三種簡易編織方法完成的毛衣。後片全部是下針編織，讓編者更熟悉編織技巧；學會加減針後再開始編織前片的花樣。讓你在編織毛衣的同時，學會基礎技法。

作品設計。田代良子

材料與用具　　極粗毛線　灰粉紅色450g　　10號捧針（圓頭2支）　　8號捧針（圓頭2支・普通4支）
　　　　　　　麻花針（中）　鉤針10/0、3/0號、縫針、待針、剪刀。

編織作品時，究竟該做幾針呢？又該編織幾段呢？計算針數是最基本的。

我們通常以10平方公分內橫的有幾目、直的有幾段，來計算針數與段數。

計算時，首先要試編織。用和作品相同的線和同號碼的針，編織相同的編織物（包括花樣），長寬都是15公分左右。然後從中間數起，看看橫的10公分裡面有幾目，直的10公分有幾段。

這件毛衣的基本織法是平針編織，在前片和袖子上加花樣，花樣部份的橫尺寸會縮短，所以不能和下針編織用一樣的針數。因此，如下圖所示做50針起針，編織下針和花樣，然後再計算針數。

下針編織的針數

橫10公分16目，直10公分22段。

花樣編織的針數

橫一個花樣（18目）是7.5公分。直的段數和下針編織相同，10公分22段。

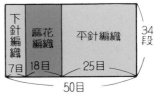

＊本作品算出來的針數和段數分別是16目、22段。如果你試編的結果和本作品不同，稍微改變一下手法，或者換1號棒針，請儘量按照範例所示。因為針數不同，作品的尺寸會改變。

起針和開始編織

① 第1段。使用底色線，用10號針從鎖結背面挑針（76針）。

② 第2段。織上針。
第2段開始編織

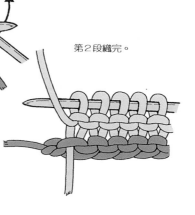

第2段織完。

③ 第3段。織下針。
第3段開始編織

第3段織完。

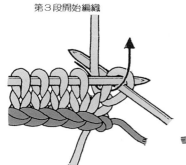

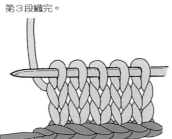

從後身片開始編織

開始編織的位置是，下襬的鬆緊編織和下針編織的界線。如箭頭所示，先向上部編織，下襬鬆緊編織最後編織。

起針是用別色線織鎖針起的。用10／0號鉤針，編織76目鎖針。

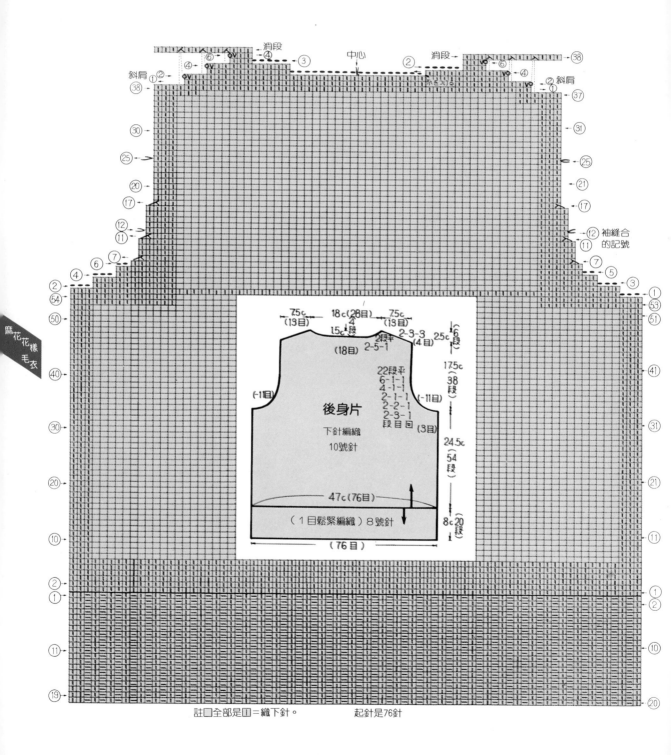

7.5c
(13目)
18c(28目)
7.5c
(13目)

15c (21目)

2段平
2-5-1
(18目)

2-3-3
(4目)

25c (6段)

22段平
6-1-1
4-1-1
2-1-1
2-2-1
2-3-1
段目回

17.5c
(38段)

(-1目)

(-11目)

(3目)

後身片
下針編織
10號針

24.5c
(54段)

47c(76目)

（1目鬆緊編織）8號針

8c(20段)

（76目）

註□全部是□＝織下針。

起針是76針

斜肩 麻花花樣毛衣

袖邊的減針

脇邊織到54段為止，開始袖邊的減針。

[左側的袖邊]

2針以上的減針……上針段的減針（一）

左側比右側晚一段，2段、4段、6段減2針以上。一面織上針一面減針。

① 第2段。端部2針織上針，端部2段都套掉。

② 第2段。套完一針的情形。下一針織上針後，右邊的活結套過去。

③ 同樣地套2針，接下來照普通方法織上針。

④ 第4段。端部的第1針是滑針。

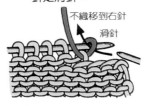

⑤ 第4段。下一針織上針，右邊的活結套過去。下一針也是織上針後，右針套過去。

⑥ 第6段完成。

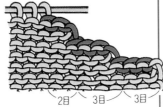

1針的減針…左上2針併1針（✕）

7段、11段、17段都是下針段減針。

① 第7段。最後的2針一起織。

② 第7段。減針完成的情形。

[右側的袖邊]

2段以上的減針……下針段的減針（一）

1段、3段、5段是1次減2針以上的段。一面織下針一面減針。

① 第1段。端部2針織下針，端部2針套掉。

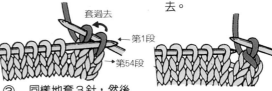

② 第1段。套完一針的情形。下一針織下針後，右邊的活結套過去。

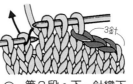

③ 同樣地套3針，然後按照普通方法織下針。

④ 第3段。端部的第1針是滑針

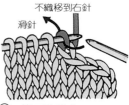

⑤ 第3段。下一針織下針，右邊的活結套過去。下一針也織下針，然後右針套過去。

⑥ 第5段完成。

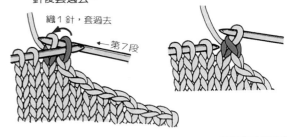

1針的減針…右上2針併1針（人）

7段、11段、17段各減1針。

① 第7段。端部活結不織移至右針，織第2針後套過去。

② 第7段。減針的完成。

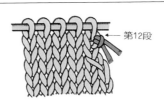

做縫袖的記號

為了使袖子接得漂亮，衣身和袖山是否均勻最重要。因此，先在衣身的袖邊上做記號。織到袖邊第12段、第25段時，在最端部的活結上做記號。左側、右側都要加記號。

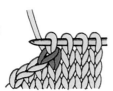

斜肩是折回編織。後領邊的編法和袖邊2針以上的減針方法相同。

左側斜肩……留下針的折回編織。
左側領邊……下針段減針。

右側斜肩……留上針的折回編織。
右側領邊……上針段減針。

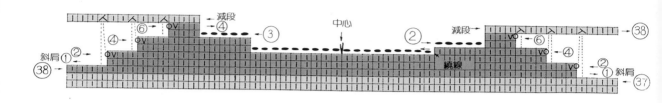

① 右側斜肩第1段。留最初的4針。

② 右側斜肩第2段。在界線處加空針，最初的一針是滑針。

③ 左側斜肩的第一段。留最後4針。

④ 左側斜肩的第2段。在界線處加空針，最初的一針是滑針。

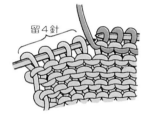
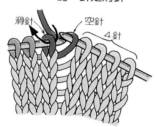

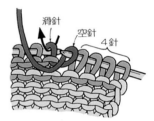

⑤ 右側斜肩第3段。留3針。

⑥ 右側領邊第一段（與斜肩第4段同一段）。由中心算起左右共留下18針。

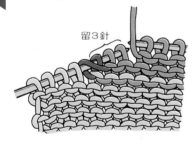
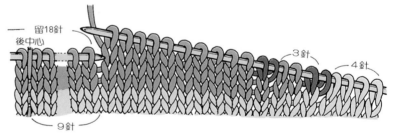

⑦ 右側領邊第2段。減5針（最初的一針是滑針）接下來織上針，一針一針地套掉。

⑧ 右側斜肩的第5段。留3針

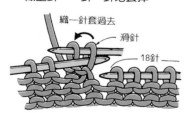
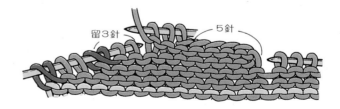

⑨ 右側斜肩減段。折回織完後，最後織一
　段上針。界線的空針依序和左邊的目（
　針眼）交換位置，2針再一起編織。

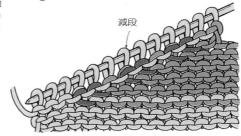

空針和左側活結依序互換的方法。

Ⓐ　Ⓑ 移至左針　Ⓒ 織上針

⑩ 右側斜肩立身份完成。

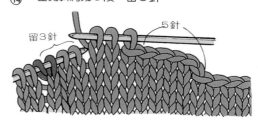

減段

⑪ 左側領邊第一段。線繞在中心18目的右鄰，
　減掉18針。

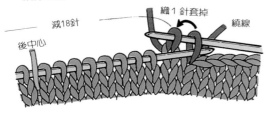

織1針套掉　繞線
減18針
後中心

⑫ 左側斜肩第3段。留3針。

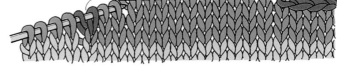

留3針　18針

⑬ 左側領邊第3段。減5
　針。最初的針是滑針，
　接下來一針一針地編織
　套掉。

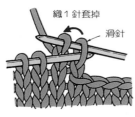

織1針套掉　滑針

⑭ 左側斜肩第5段。留3針。

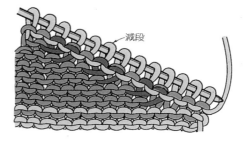

留3針　5針

⑮ 左側斜肩減段。折回織
　完後，最後織一段下針
　。界線的空針和左邊的
　目，2針一起編織。

界線的那一針和
左邊的目，2針
一起編織。

⑯ 左側斜肩部份完成。

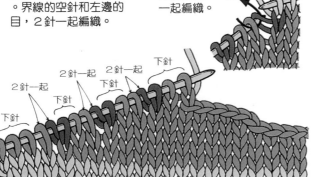

2針一起　2針一起　2針一起　下針
　下針　下針
2針一起
下針

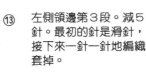

減段

麻花毛衣
花花
樣

前身片是麻花編織花樣

前身片的針眼數是94針。起針與後身片相同，中間加3條麻花編織花樣和間隔的上針花樣。袖邊的減針、領邊的減針與後身片的袖邊編織要領相同。

麻花編織花樣的織法

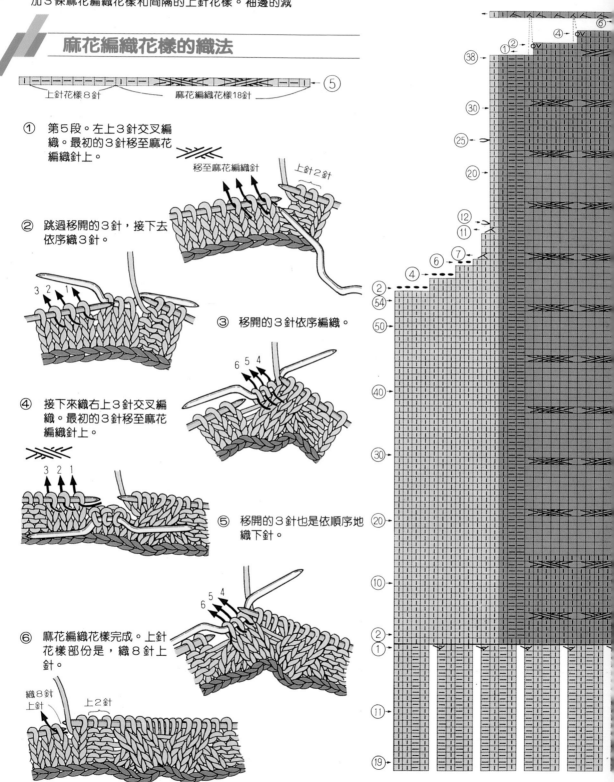

上針花樣8針　　麻花編織花樣18針　　⑤

① 第5段。左上3針交叉編織。最初的3針移至麻花編織針上。

移至麻花編織針　　上針2針

② 跳過移開的3針，接下去依序織3針。

3 2 1

③ 移開的3針依序編織。

6 5 4

④ 接下來織右上3針交叉編織。最初的3針移至麻花編織針上。

3 2 1

⑤ 移開的3針也是依順序地織下針。

6 5 4

⑥ 麻花編織花樣完成。上針花樣部份是，織8針上針。

織8針上針　　上2針

42

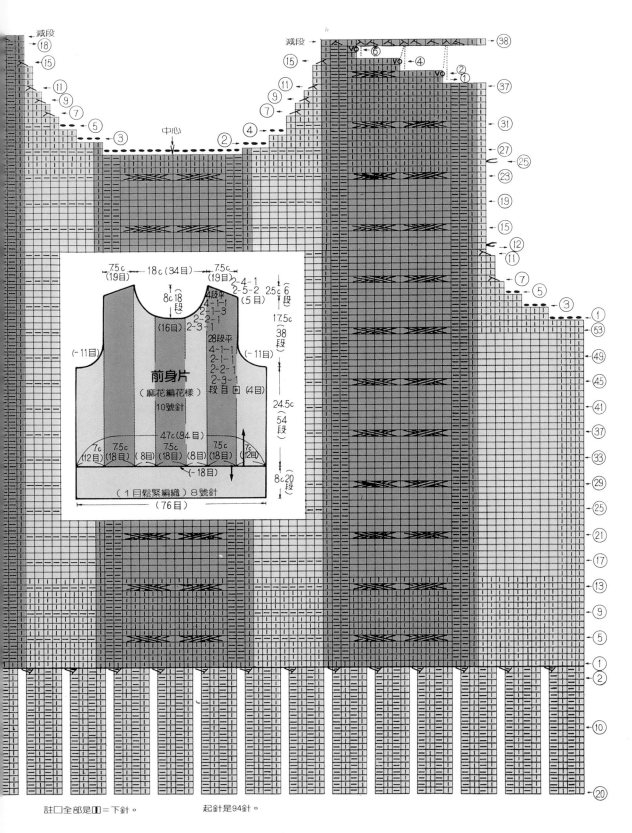

減段
⑱
⑮
⑪
⑨
⑦
⑤
③

中心

減段
⑮
⑪
⑨
⑦
④
②

V⊘ ←⑥
V⊘ ←④
V⊘ ←②
←①

㊳
㊲
㉛
㉗
㉕
⑲
⑮
⑫
⑪
⑦
⑤
③
①
㊾
㊾
㊺
㊶
㊶
㊲
㉝
㉙
㉕
㉑
⑰
⑬
⑨
⑤
①
②
⑩
⑳

7.5c
(19目)
18c(34目)
7.5c
(19目)
2-4-1
2-5-2 (5目)
2.5c ⑥
4段平
4-1-1
8c 18段
(16目)
2-1-3
2-3-1
17.5c
38段
28段平
4-1-1
(-11目)
2-1-1
2-2-1
2-3-1 (-11目)
段目回 (4目)
24.5c
(54段)

前身片
（麻花編花樣）
10號針

4.7c(84目)
7c
(12目)
7.5c
(18目)
(8目)
7.5c
(18目)
(8目)
7.5c
(18目)
7c
(12目)
(-18目)
8c 20段

（1目鬆緊編織）8號針
（76目）

註□全部是□□=下針。

起針是94針。

因爲花樣的關係，前片的肩寬針眼數比後片多6針。斜肩部份減段時，先將這部份的針數減掉，爾後的數目相同。43頁的記號圖是由正面看去的情形，因

此右側的減段（由內側編織的段）編織的活結與記號相反。

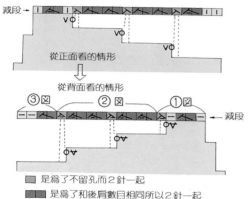

從正面看的情形

⇩

從背面看的情形

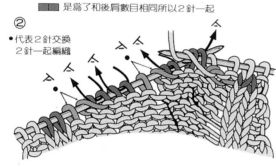

□ 是爲了不留孔而2針一起

■ 是爲了和後肩數目相同所以2針一起

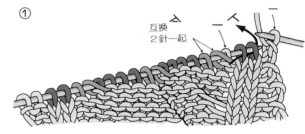

①

② ●代表2針交換2針一起編織

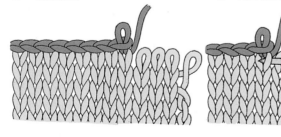

③

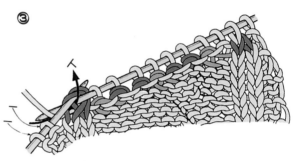

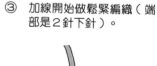

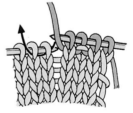

麻花花樣毛衣

前片或後片都是拆掉起針的鎖針，挑針後做鬆緊編織的。後片是1針1針的挑，前片則是一面減針一面

挑針。

① 拆掉起針。

② 用8號針挑針。

③ 加線開始做鬆緊編織（端部是2針下針）。

④ 前身片有人記號的活結，用上針2針一起編織減針。

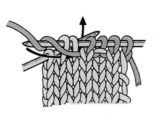

⑤ 最後把衣身的線端繞在針上一起編織。改變活結的方向。

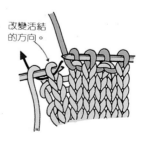

1目鬆緊編織的收針

留140公分左右的線剪斷，穿過縫針做一目鬆緊編織的收針。每1個活結，針來回穿2次。

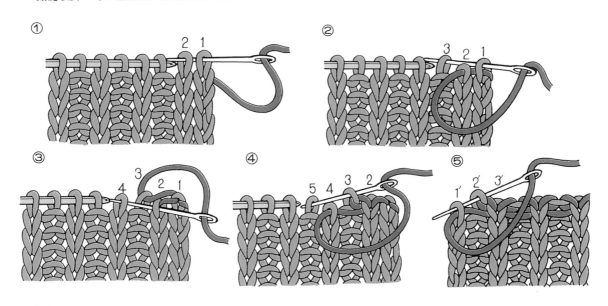

肩部併縫（鉤縫）

後片與前片的面對面對合。線端留在肩膀的最末端，因此使用那條線縫合。

① 右端各移1針到鉤針上。

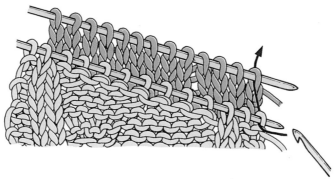

② 繞線，鉤出。

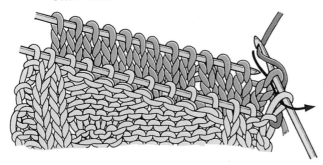

③ 依序1針1針地鉤出。

形狀相同織法的2片袖子

起針的位置是，與袖口鬆緊編織的界線。和衣身部份一樣，用另一條線織鎖針，再由鎖結內側挑針編織。袖中央加麻花編織花樣。

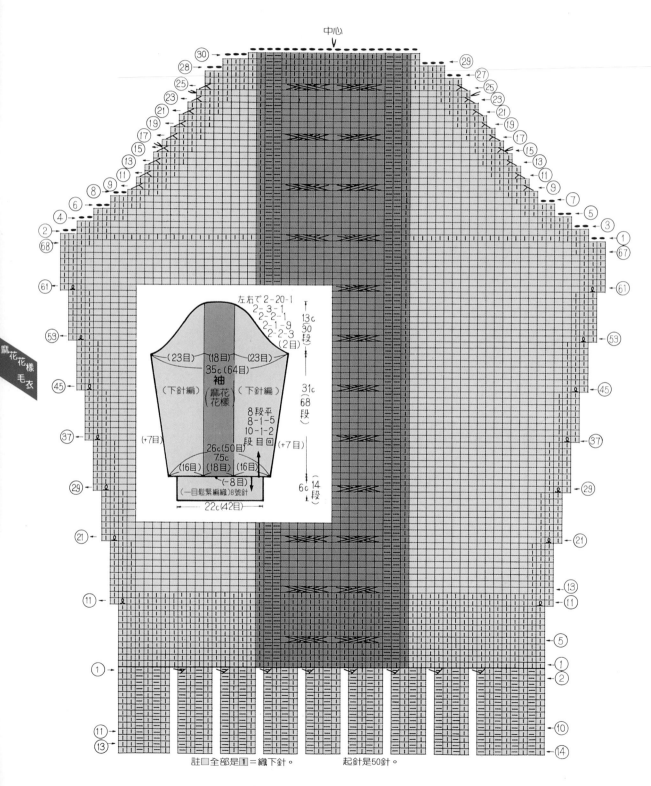

麻花花樣毛衣

中心

左右で 2-20-1
2-2-3-1
2-2-2-1
2-2-2-9
2-2-2-3
(2目)

13c
(30段)

(23目) (18目) (23目)
35c (64目)
袖
(下針編) (麻花花樣) (下針編)

31c
(68段)

8段平
8-1-5
10-1-2
段 目 回

(+7目) (+7目)

26c (50目)
7.5c
(16目) (18目) (16目)
(-8目)

6c (14段)

(一目鬆緊編織)8號針

22c(42目)

註□全部是□=織下針。　　　　　　起針是50針。

46

袖下的加針

11段、21段、29段、37段、45段、53段、61段，分別在袖的兩側各增加1針。

左側 ① 織到端部的前1針爲止，用針從橫線上挑一針，然後如箭頭所指地下針編織。

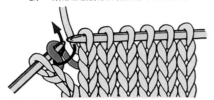

② 加針完畢。

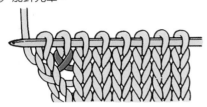

右側 ① 織端部1針，用針從橫線上挑一針，然後如箭頭所示地下針編織。

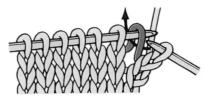

② 加針完畢。

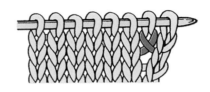

袖山的減針

有一次減2針以上和一次減1針的減針。技法和袖邊的弧形相同。

左側袖山

① 2針以上的減針是上針減針（ — ）。

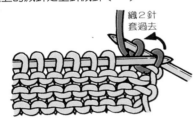

② 1針的減針是左上2針一起（ ⋏ ）

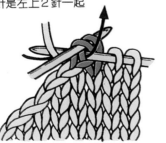

右側袖山

① 2針以上的減針是下針減針（ — ）。

② 1針的減針是右上2針一起（ ⋋ ）

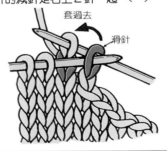

對準記號

加上縫合袖子用的記號。分別在右側和左側的第15段、第24段綁上線記號。

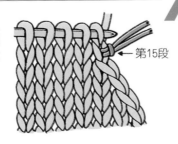

← 第15段

袖口的減針

拆掉鎖針挑針，編1目鬆緊編織。把50針減成42針；有 ⋏ 記號的地方，上針2針一起編織。

上針2針一起

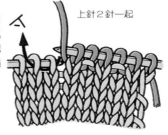

從襟邊挑針編織衣襟

挑針數是，前襟邊挑50針、後襟邊挑34針，共計84針。使用4根8號針，將全部針眼平均分配在3根針上，做環編。挑針的位置是圖中●記號的位置。第一段（挑針）全部挑上針，挑成圈。從第2段起織鬆解編織。

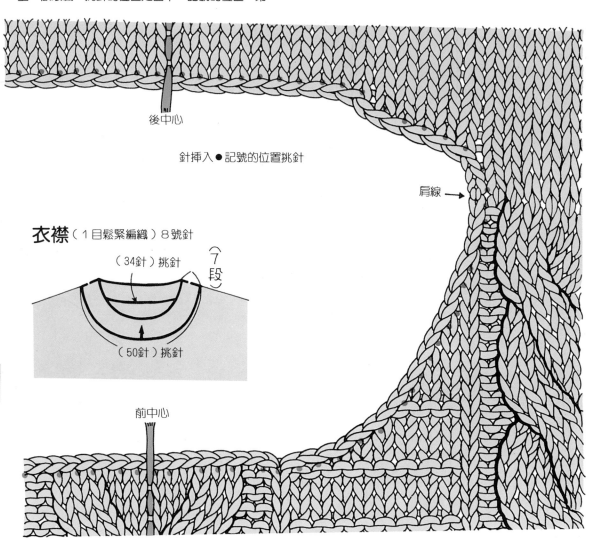

後中心

針插入●記號的位置挑針

肩線 →

衣襟（1目鬆緊編織）8號針

（34針）挑針

（7段）

（50針）挑針

前中心

挑針全部是上針，平均挑在3根針上。挑針算是第一段。從第二段起編鬆緊編織。

方法與45頁的 1 目鬆緊編織的收針相同；但是環編的開始與結束要接得很漂亮。留120公分左右的線剪

斷，穿過縫針開始收針。

①

②

③
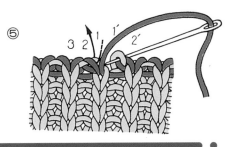

④

⑤

併縫脇與袖下

用鬆緊編織收針剩下的線，從織物的下方往上方縫合。縫距是 1 針，所以穿過第 1 針與第 2 針間的橫

線。

① 連接鬆緊編織收針處。
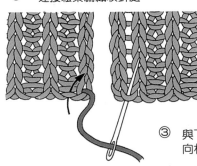

② 每一段左右交差穿針縫合。

③ 與下針編織的界線部份，編織方向相反，所以差半針。
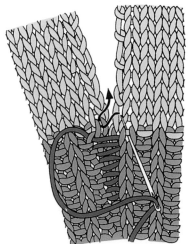

④ 縫線要拉到看不到為止。
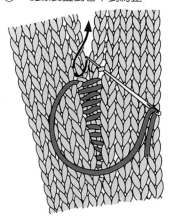

麻花毛衣花樣

49

縫袖，完成。

最後是縫袖子。對準衣身和袖子的記號，用鈎針縫上袖子。

① 衣身、袖子的記號是否對準。

② 面對面疊合，用大頭針暫時固定對好的記號點，然後在中間加些針，固定得更細密。

③ 鈎的位置（併縫距離）。

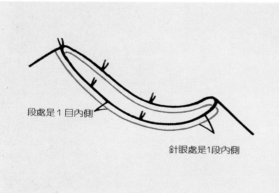

段處是1目內側

針眼處是1段內側

④ 用細鈎針（3／0號）鈎縫。使用同色線鈎。

⑤ 從袖邊一半處開始，細編併縫。每一針的間隔約0.7cm～0.8cm左右。編織的時候不要把縫線拉得太緊。

⑥ 袖縫合。

★最後用熨斗整理燙一燙，即大功告成。

初版一刷1997年8月、16刷：2011年3月

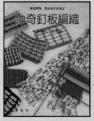

手編織基礎系列①

棒針編織基礎篇　　　　　　　　　　　　　　定價 150 元

編著：瀨戶信昭	總編輯：羅煥耿
審訂：蔡有智	編輯：黃敏華、翟瑾荃
譯者：劉逸雲	美編：林逸敏

發行人：簡玉芬	電話：(02)2218-3277(代表)
出版者：世茂出版有限公司	傳真：(02)2218-3239（業務）
負責人：簡泰雄	劃撥：19911841・世茂出版有限公司
登記證：行政院新聞局版臺省業字第564號	電腦排版：辰皓電腦排版公司
地址：台北縣新店市民生路19號5樓	製版：造極彩色印製公司

Printed in TAIWAN

ISBN 957-529-707-5

9 789575 297077

N.T.150 00942500